멘사 클럽 1

멘사 클럽 1

초판 1쇄 발행 · 2022년 7월 29일

지은이 · T.M.P.M
펴낸이 · 김동하

책임편집 · 이은솔
펴낸곳 · 책들의정원
출판신고 · 2015년 1월 14일 제2016-000120호
주소 · (03955) 서울시 마포구 방울내로7길 8, 반석빌딩 5층
문의 · (070) 7853-8600
팩스 · (02) 6020-8601
이메일 · books-garden1@naver.com
인스타그램 · www.instagram.com/text_addicted

ISBN 979-11-6416-122-5 (14410)

1분 안에 푼다면 당신도 **멘사 회원!**

멘사 클럽

①

T.M.P.M 지음

책들의정원

천재들의 놀이,
두뇌퍼즐의 세계로
초대합니다

세계 최고 천재가 모이는 멘사(Mensa)는 사고력 증진 또는 IQ를 측정하기 위한 다양한 테스트를 진행합니다. 그중에는 도형이나 퍼즐 등의 문제도 있지요. IQ 148 이상인 사람만 회원이 될 수 있는 멘사에서는 과연 어떤 문제들을 풀까요? 다양한 퍼즐들을 통해 사고력을 높여봅시다. 현재 사회에서는 사고력과 창의력이 가장 중요한 능력이니까요.

흔히 천재라고 불리는 이들이 두뇌퍼즐을 즐기는 것은 우연일까요? 그렇지 않습니다. 인간의 두뇌에는 1천억 개 이상의 뉴런이 분포해 있으며, 뉴런 다발이 모여 시냅스라는 조직을 구성합니다. 이들이 바로 사고 활동에 관여하는 기관인데, 연구 결과에 따르면 뉴런 세포는 마치 근육과 같아서 사용하면 할수록 발달하고 그렇지 않으면 퇴화한다고 합니다. 그러니 IQ는 평생 바뀌지 않는 고정값이 아니라 노력 여부에 따라 움직이는 변동지수라고 할 수 있습니다.

'노화' 역시 사고 활동에 영향을 끼치는 중요한 요소입니다. 인간의 두뇌는 18~25세를 정점으로 하여 발달하다가 35세 이후에는 조금씩 쇠퇴하기 시작합니다. 흔히 '머리가 굳는다'고 말하는 현상입니다. 우리 두뇌의 잠재력을 최고로 발휘하기 위해서는 성장기 시절 적절한 자극을 통해 사고력을 높이고, 성인이 된 이후에는 꾸준한 트레이닝을 통해 능력을 유지할 수 있도록 해야 합니다.

《멘사 클럽》에서는 두뇌를 쉽고 재미있게 훈련할 수 있도록 다양한 종류의 문제를 준비했습니다. 국내외 유명 대학과 기업에서 사용한다고 알려진 유형의 문제는 물론 흔히 접하지 못한 새로운 유형의 문제까지 다양하게 실었습니다. 각 문제의 정답과 풀이는 책의 뒷부분에 있습니다. 또한 부록에서 제공하는 도안을 이용하면 앞에서 등장한 정육면체나 퍼즐 조각을 직접 만들어 정답을 확인할 수 있습니다.

이 책은 시험지나 문제집이 아닙니다. 높은 점수를 내기 위해 스트레스 받을 필요 없습니다. 도전 과정을 즐기는 것이 더 중요합니다. 해답지와 다른 나만의 답을 찾아내어도 좋습니다. 하루 중 언제 펼쳐 봐도 괜찮지만 두뇌 훈련을 위해서 잠들었던 뇌가 활성화되는 아침 시간을 추천합니다. 머리는 타고나는 것이 아닙니다. IQ의 20퍼센트는 후천적 환경에 따라 결정됩니다. 이 책이 여러분을 즐거운 두뇌 트레이닝의 세계로 안내할 것입니다.

T.M.P.M(The Mensa Puzzle Master)

두뇌퍼즐

사다리 타기

축구, 농구, 야구, 족구, 피구 중 어떤 운동을 할지 사다리 타기를 통해 결정하려고 합니다. 선을 하나만 추가해서 농구가 당첨되도록 해보세요.

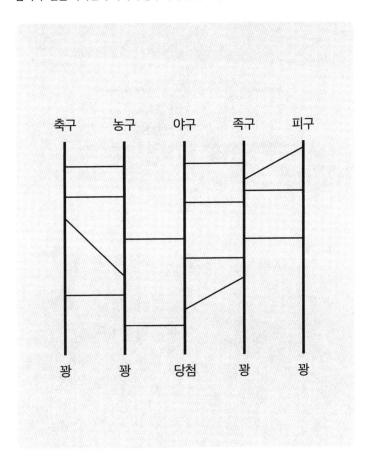

성냥개비 옮기기

아래 성냥개비 중 하나만 옮겨서 식을 바르게 만들어주세요.

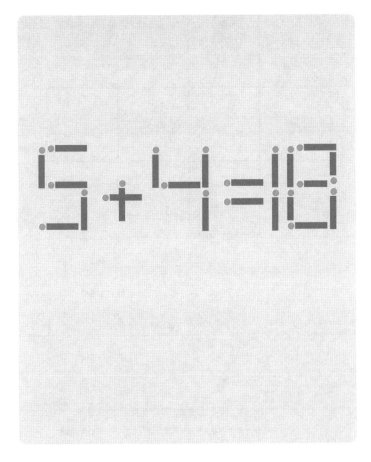

★ 입체 추론

아래 도면으로 정육면체를 만들 경우, 나올 수 있는 모양을 골라보세요.

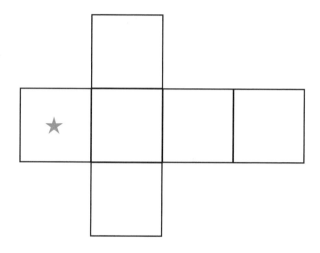

 ① 　　 ② 　　 ③ 　　 ④

※ 그림을 오리면 문제를 쉽게 풀 수 있습니다. 책의 마지막에 '오려 만들기' 페이지가 있습니다.

마방진

빈 칸에 알맞은 숫자를 찾아보세요.

· 1~9까지의 수가 한 번씩 들어갑니다.
· 가로/세로/대각선의 합은 모두 같습니다.

4	9	
3		7
	1	6

★ 시차 계산

뉴욕에 사는 유명 가수 카니예 이스트가 내한공연을 하기 위해 서울에 방문할 계획입니다. 공연은 한국 시간을 기준으로 1월 1일 오후 6시에 시작합니다. 이스트는 뉴욕에서 언제 출발해야 할까요?

· 뉴욕에서 서울까지는 비행기로 14시간이 걸립니다.
· 뉴욕과 서울의 시차는 14시간으로, 서울이 더 빠릅니다.

☐ 월 ☐ 일 (오 전 / 오 후) ☐ 시 ☐ 분

미로 찾기

꿀벌이 집을 찾아 숲속을 헤매고 있습니다. 길을 찾아주세요.

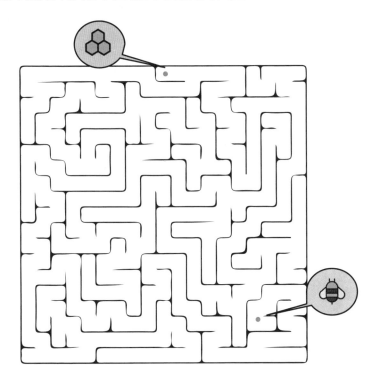

공간지각

다음 도형을 위에서 보면 어떤 모양이 될까요?

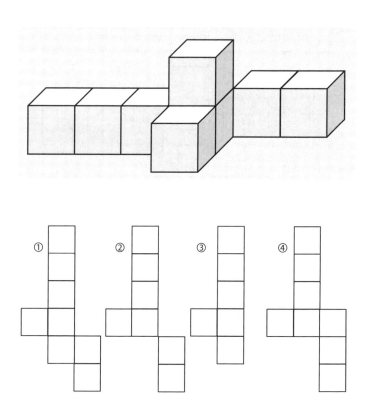

계산식 완성

다음 빈칸에 덧셈(+), 뺄셈(-), 곱셈(×), 나눗셈(÷) 중 알맞은 연산기호를 넣어보세요. 모든 연산기호는 한 번씩 들어갑니다.

32 ◯ 4 ◯ 2 ◯ 1 ◯ 2 = 17

코드 찾기

컴퓨터가 오작동을 일으켜 핵미사일이 발사될 위기에 처했습니다. 이를 막으려면 해제 코드를 입력해야 합니다. 미사일 발사까지는 이제 1분밖에 남지 않았습니다. 다음 단서를 통해 코드를 찾아주세요!

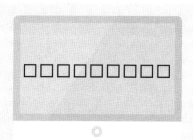

· H의 왼쪽에는 G가 있다.

· A 옆에는 W가 있다.

· N의 오른쪽에는 G가 있다.

· Y의 옆에는 E와 P가 있다.

· 마지막 글자는 A다.

· O의 오른쪽에는 N이 있다.

· H의 오른쪽에는 W가 있다.

· O의 바로 왼쪽에는 E가 있다.

규칙 발견

빈칸에 들어갈 알맞은 패턴을 찾아보세요.

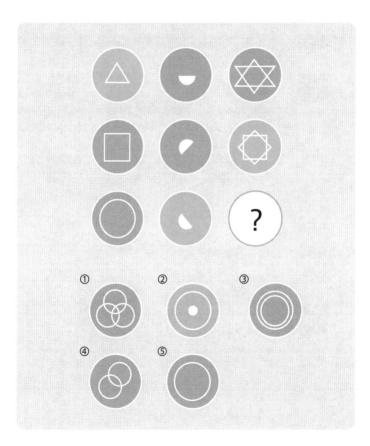

조각보 만들기

세 가지 색의 천을 연결해 네 장의 조각보를 만들고 있습니다. 정해진 규칙에 따라 색깔을 배치한다고 할 때, 다음 물음표 자리에는 어떤 패턴이 들어가야 할까요?

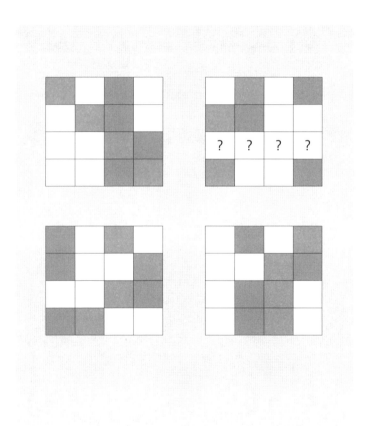

부등호 게임

다음 빈칸에 3, 4, 5, 6, 7의 숫자를 넣어 부등호가 성립되도록 해보세요. 가로, 세로에는 각 숫자가 한 번씩만 등장합니다.

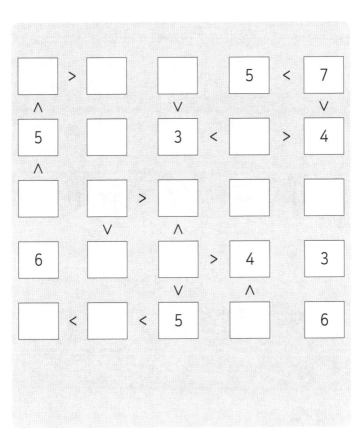

수열의 비밀

다음 빈칸에 들어갈 알맞은 수를 찾아보세요.

1   1   ◯   3   5   8   13   21

첩자를 찾아라

다음 v 사이에 w가 숨어 있습니다. w는 모두 몇 개일까요?

스도쿠

다음은 스도쿠 문제입니다. 가로, 세로, 굵은 선 안에 1~9의 숫자가 한 번씩만 들어가도록 해야 합니다. 규칙에 따라 빈칸에 알맞은 답을 채워보세요.

	6				8		3	
5	3		6		4			2
	8	9	2		1	6		5
3	9	4		6		7	5	
		5			3			6
	1	6	7	4		9	2	
6		7	3		9	5	8	
	4		5	8	6		7	
		8	4		7			1

수건돌리기

열 마리의 동물들이 수건돌리기 놀이를 하고 있습니다. 여우는 토끼를 잡았고, 토끼는 사슴을 잡았고, 사슴은 고슴도치를 잡았고, 고슴도치는 잠자리를 잡았고, 잠자리는 다람쥐를 잡았습니다. 동물들의 자리는 어떻게 바뀌었을까요?

첫 번째 술래

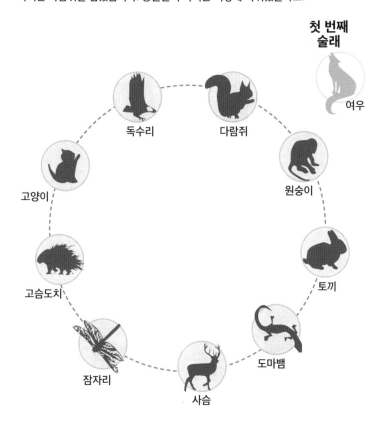

독수리   다람쥐

여우

고양이   원숭이

고슴도치   토끼

잠자리   도마뱀

사슴

알파벳 더하기

알파벳에 순서대로 점수를 매겼습니다. A는 1, B는 2, C는 3 … Z는 26이라고 할 때 'luck'은 47점, 'money'는 72점입니다. 다음 중 정확히 100점인 단어는 무엇일까요?

① love ② study ③ experience ④ future ⑤ companion

3D 퀴즈

여러 개의 나무 블록을 이어서 입체 도형을 만들었습니다. 이 도형은 앞에서 봐도, 뒤에서 봐도, 옆에서 봐도, 위에서 봐도 항상 다음 그림처럼 보입니다. 블록은 모두 몇 개일까요?

이미지 퍼즐

다음 퍼즐 조각을 알맞은 순서와 방향에 따라 정렬하면 하나의 숫자가 나타납니다. 어떤 숫자일까요?

※ 그림을 오리면 문제를 쉽게 풀 수 있습니다. 책의 마지막에 '오려 만들기' 페이지가 있습니다.

쿠키의 개수

할머니가 세 명의 아이들을 위해 쿠키를 구웠습니다. 첫째가 집에 돌아와 일곱 개의 쿠키를 먹었습니다. 잠시 후 둘째가 돌아와 남은 쿠키의 절반을 먹었습니다. 마지막으로 셋째가 집에 돌아왔을 때 쿠키는 단 한 개 남아 있었습니다. 할머니는 처음에 몇 개의 쿠키를 구웠을까요?

빈칸에 들어갈 알맞은 답을 구해보세요.

$$11 \times 11 = 4$$

$$22 \times 22 = 16$$

$$33 \times 33 = \boxed{}$$

이름 맞추기

정체를 숨기고 활동하는 카드 마술사가 있습니다. 이름을 밝히라는 사람들의 요청에 따라 그는 트럼프 카드로 힌트를 내놓았습니다. 각 카드는 알파벳 하나를 뜻합니다. 그의 이름은 무엇일까요?

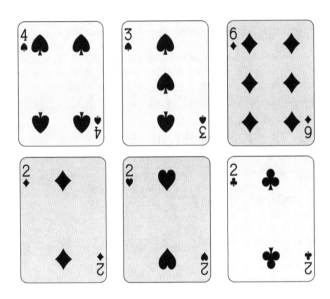

① George ② Daniel ③ Arthur ④ Andrew

★── 분수 1

다음 칸에는 0, 1, 2, 3, 4, 5, 6, 7, 8, 9가 한 번씩만 들어갑니다. 빈칸을 채워 식을 완성해보세요.

$$\frac{\square\square}{\square\square} + \frac{\square\square\square}{\square⑦\square} = 1$$

케이크 자르기

다음은 정사각형 모양의 케이크를 위에서 바라본 모습입니다. 네 사람이 케이크를 공평히 나눌 수 있도록 도와주세요.

· 모든 조각은 같은 모양이 되어야 합니다.
· 케이크 위에 올라간 종류별 장식이 골고루 나누어지도록 해주세요.

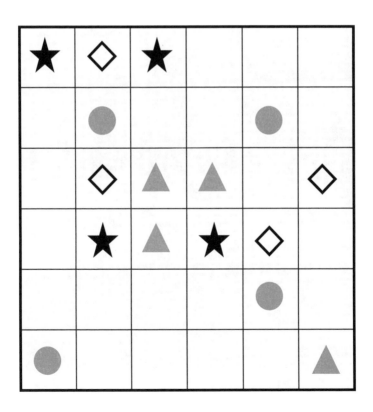

숫자 추리

1은 한 번, 2는 두 번, 3은 세 번… 과 같은 방식으로 숫자를 늘어놓는다고 할 때 100번째 올 숫자는 무엇일까요?

1 2 2 3 3 3 4 4 4 4 … ?

수식 완성

다음 식이 성립되도록 빈칸에 알맞은 것을 넣어보세요.

$$5 \bigcirc 2 + 4 \bigcirc 8 = 10$$

$$3 \bigcirc 7 + 6 \bigcirc 3 = 10$$

날짜 맞추기

지민이가 도영이에게 생일 초대 카드를 받았습니다. 도영이의 생일은 이번 달 몇 일일까요?

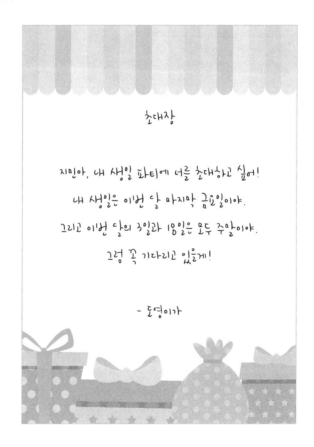

초대장

지민아, 내 생일 파티에 너를 초대하고 싶어!

내 생일은 이번 달 마지막 금요일이야.

그리고 이번 달의 3일과 18일은 모두 주말이야.

그럼 꼭 기다리고 있을게!

- 도영이가

숫자와 법칙

규칙에 따라 다음 물음표 자리에 들어갈 알맞은 숫자를 찾아보세요.

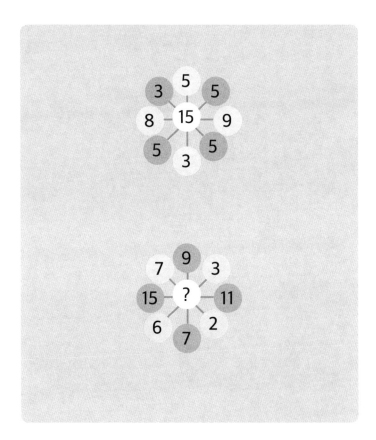

투시

아래 그림에는 모두 몇 개의 상자가 있을까요?

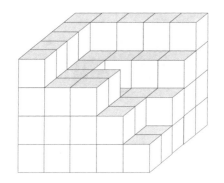

난센스

선을 하나만 그어서 다음 식을 바르게 만들어보세요. (단 '='는 바꾸지 않습니다.)

$$5 + 5 + 5 = 550$$

삼각형의 개수

다음 그림에는 모두 몇 개의 삼각형이 있을까요? 단, 별 모양을 포함해서는 안 됩니다.

쥐와 고양이

27마리의 고양이가 27마리의 쥐를 잡는 데 27분이 걸렸습니다. 그렇다면 36마리의 고양이가 36마리의 쥐를 잡는 데 몇 분이 걸릴까요?

타일 붙이기

다음과 같은 공간에 다섯 개의 타일 조각을 이어 붙이려고 합니다. 어떻게 하면 딱 맞게 할 수 있을까요?

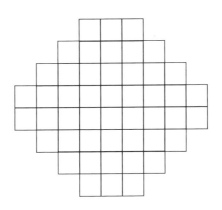

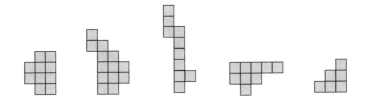

규칙 발견

빈칸에 알맞은 수를 찾아보세요.

1=11

2=22

3=33

⋮

11=◯

숫자 블록

나란히 위치한 두 블록의 숫자를 더하면 그 위의 블록 속 숫자가 됩니다. 빈칸을 모두 채워보세요.

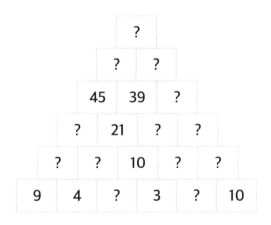

빈칸에 들어갈 알맞은 답을 구해보세요.

6548=6

2138=4

1350=5

1833=4

2139=⬭

4308=5

1354=6

8135=5

영수증 계산

아버지가 네 명의 아이에게 줄 선물을 고르려고 장난감 가게에 왔습니다. 모든 아이에게는 선물을 두 개씩 줘야 합니다. 또한 한 명의 아이에게 주어지는 선물은 하나의 꾸러미로 포장해야 합니다. 장난감 가격이 총 46,900원이라면 아버지는 어떤 장난감을 몇 개씩 산 것일까요?

공룡 인형 4,900원

모형 자동차 5,200원

보드게임 세트 5,300원

요술봉 6,200원

포장비 1,000원

주사위 굴리기

다음은 하나의 주사위를 다른 방향에서 본 모습입니다. 그런데 한 개는 전혀 다른 주사위입니다. 어느 것일까요?

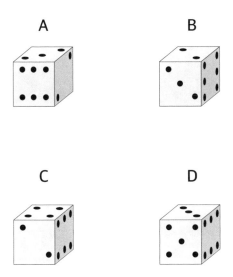

A

B

C

D

면적 구하기

다음 그림에서 색이 칠해진 부분은 전체의 몇 퍼센트일까요? 계산하지 말고 눈으로만 짐작해보세요.

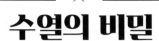

수열의 비밀

다음 빈칸에 들어갈 알맞은 수를 찾아보세요.

4 7 12 19 28 39 ◯

벤다이어그램

벤다이어그램은 영국의 수학자 존 벤^{John Venn}이 고안한 도식으로, 여러 집합 사이의 관계를 눈으로 쉽게 파악할 수 있도록 도와줍니다. 다음 조건에 알맞은 음식을 벤다이어그램에서 찾아보세요.

"이탈리안 푸드지만 쌀로 만들었으면서 토마토가
들어가지 않았고 뜨거운 음식을 먹고 싶어."

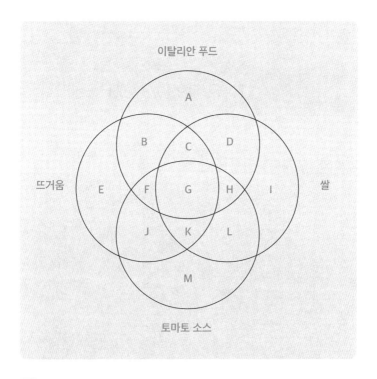

요일 맞히기

오늘로부터 11일 뒤는 목요일입니다. 오늘로부터 2일 전은 무슨 요일이었을까요?

땅 나누기

다음은 정사각형 모양의 땅을 위에서 바라본 모습입니다. 네 개의 부족이 땅을 똑같은 모양, 똑같은 넓이만큼 나누려고 합니다. 또한 숲, 호수, 들판, 사막 역시 모두 골고루 나누어 가지려면 어떻게 해야 할까요?

숲			호수				호수
				사막		들판	
	사막				사막		
				숲			
			숲				사막
		숲	사막	사막	들판		
		호수	들판				
사막	사막		들판				호수

한붓그리기

다음 그림에서 색깔 선을 제외한 나머지 부분을 한 번에 그려보세요. 펜을 종이에서 떼면 안 됩니다.

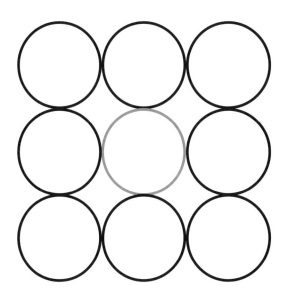

모눈종이

보기의 규칙에 따라 다음 순서에 올 알맞은 그림을 아래 모눈종이 위에 직접 그려 보세요.

<보기>

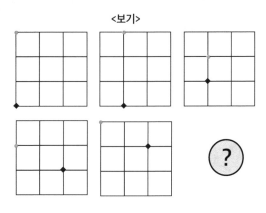

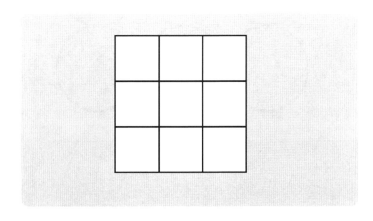

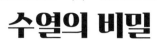

수열의 비밀

빈칸에 알맞은 수를 찾아보세요.

8 11 14 11 7 10 15 12 6 9 16 □

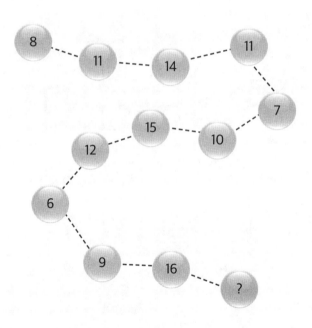

분수 II

다음 칸에는 0, 1, 2, 3, 4, 5, 6, 7, 8, 9가 한 번씩만 들어갑니다. 빈칸을 채워 식을 완성해보세요. (앞의 문제와는 숫자 배치가 다릅니다.)

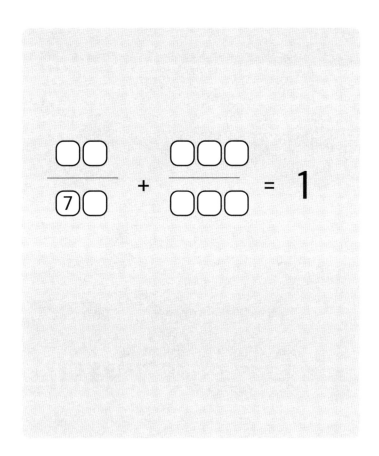

난센스

선을 하나만 그어서 다음 식이 성립되도록 해보세요.

$$1 - 1 = 1$$

타일 붙이기

다음 빈칸에 들어갈 알맞은 조각을 골라보세요.

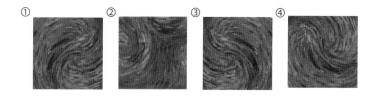

균형 맞추기

다섯 종류의 공이 있습니다. 공은 종류별로 각각 무게가 다릅니다. 마지막 저울의 균형을 맞추려면 어떤 공을 몇 개 담아야 할까요?

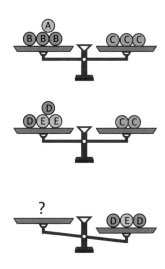

수열의 비밀

빈칸에 들어갈 알맞은 숫자를 찾아보세요.

4 8 1 2 -5 -10 -17 □

발자국 찾기

여러 명의 사람들이 모두 다른 신발을 신고 지나갔습니다. 몇 명의 사람이 지나갔는지 발자국의 종류를 보고 확인해보세요.

모양 맞추기

다음 그림에서 왼손은 모두 몇 개일까요?

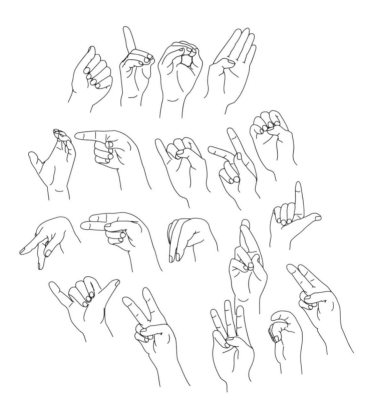

다른 그림 찾기

다음 두 그림에서 다른 곳 다섯 군데를 찾아보세요.

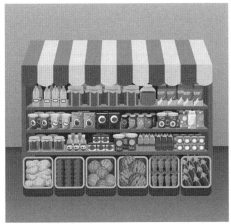

스도쿠

다음은 스도쿠 문제입니다. 가로, 세로, 굵은 선 안에 1~9의 숫자가 한 번씩만 들어가도록 해야 합니다. 규칙에 따라 빈칸에 알맞은 답을 채워보세요.

	4				6	8		
2		1		4	7		5	9
	9		1			6		2
5			4	6		7		8
		8			2	1		
4			7		8		3	
6		9		7		5	1	
	5		6			9		7
	3			1	9			6

방법 찾기

쉰 장의 카드에 1~50의 숫자가 한 번씩 적혀 있습니다. 속이 비치지 않는 통에 모든 카드를 넣고 잘 섞은 다음 진행자가 하나씩 뽑아 숫자를 공개하기로 했습니다. 통 속에 마지막 카드 한 장이 남았을 때 그 카드의 숫자가 무엇인지 보지 않고 맞추는 사람에게는 상금을 주기로 했습니다. 어떻게 하면 정답을 쉽게 알 수 있을까요?

색종이 놀이

색종이를 대각선 방향으로 두 번 접은 후 아래 그림처럼 잘라냈습니다. 이를 다시 펼치면 어떤 모양이 나올까요?

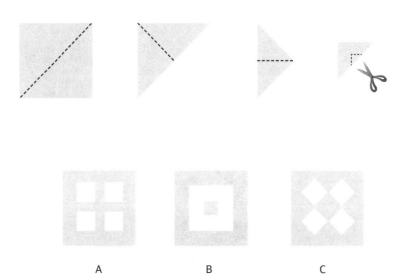

A   B   C

★ 마방진

빈 칸에 알맞은 숫자를 찾아보세요.

· 1~16까지의 수가 한 번씩 들어갑니다.
· 가로/세로/대각선의 합은 모두 같습니다.

	8	12	
3	10		15
2		7	14
	5	9	

균형 맞추기

여러 개의 저울이 모여 하나의 큰 저울을 이루고 있습니다. 기준점에서 한 칸 떨어진 곳과 두 칸 떨어진 곳이 균형을 유지하려면 아래 <보기>처럼 1:2의 비율로 물건을 담아야 합니다. 다음의 추 12개를 모두 사용해 저울의 균형을 맞춰보세요.

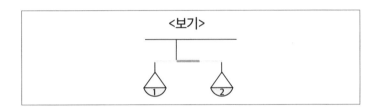

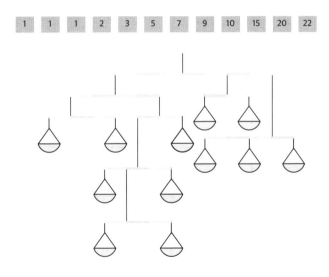

퍼즐 조각 찾기

다음 <보기> 중 세 조각을 골라 정사각형을 완성해보세요.

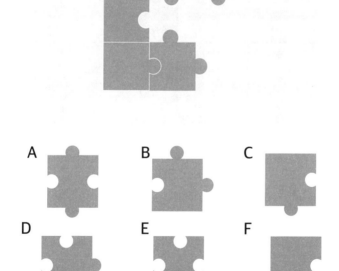

A

B

C

D

E

F

※ 그림을 오리면 문제를 쉽게 풀 수 있습니다. 책의 마지막에 '오려 만들기' 페이지가 있습니다.

입체 추론

아래 도면으로 정육면체를 만들 경우 나올 수 없는 모양을 골라보세요.

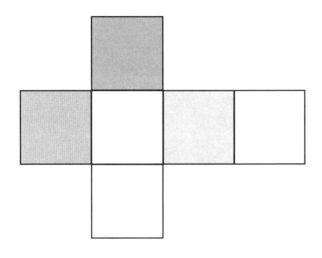

 ① ② ③ ④

※ 그림을 오리면 문제를 쉽게 풀 수 있습니다. 책의 마지막에 '오려 만들기' 페이지가 있습니다.

순서 맞추기

생일 파티에 친구들을 초대한 상국이가 생일상을 차리고 있습니다. 어떤 순서로 차렸을까요?

가	나	다	라

마	바	사	아

한붓그리기

한붓그리기는 펜을 종이에서 떼지 않고, 같은 선을 두 번 지나가지 않으면서 그림을 그리는 것을 말합니다. 다음 도형을 한붓그리기로 그려보세요.

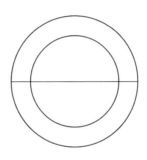

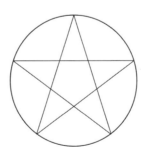

스도쿠

다음은 스도쿠 문제입니다. 가로, 세로, 굵은 선 안에 1~9의 숫자가 한 번씩만 들어가도록 해야 합니다. 규칙에 따라 빈칸에 알맞은 답을 채워보세요.

2	8				7	3		
		7		8			2	9
	3		9		2	7		4
1		4		3		5		
	7		5			4	3	
	6			1	4	8		2
9	1		3	7				6
	2	5		6			9	7
7			8		9		5	

순간기억력

10초 동안 아래 그림을 보고, 그림을 손으로 가린 뒤 질문에 답해보세요.

· 사진 속 헤드폰은 어느 쪽에 있습니까?

· 주전자와 컵 중 무엇이 더 앞에 있습니까?

· 연필꽂이 중 펜이 꽂혀 있는 것은 몇 개입니까?

숫자 찾기

다음 □는 모두 같은 숫자입니다. □는 1~9 중 무엇일까요?

$$\square + \square + \square + \square\square + \square\square\square = 1000$$

가로세로 숫자

물음표 대신 들어갈 알맞은 숫자를 찾아보세요. (단, 하나의 식에서 곱셈과 나눗셈은 덧셈과 뺄셈보다 먼저 계산해야 합니다.)

?	÷	4	+	?	=	50
+		×		÷		
17	×	?	−	?	=	12
−		+		−		
23	+	?	+	3	=	26
=		=		=		
?	+	4	÷	2	=	96

성냥개비 옮기기

아래 성냥개비 중 하나만 옮겨서 식을 바르게 만들어주세요.

다잉메시지

특수요원이 배신자를 찾기 위해 비밀임무를 수행했습니다. 그는 배신자의 정체를 알아냈지만 곧 살해당할 위기에 처했고, 이름을 힌트로 남기고 죽었습니다. 발견된 그의 한 손에는 전화기, 다른 한 손에는 다음과 같은 쪽지가 있었습니다. 배신자의 이름은 무엇일까요?

147*5369#0

147*56

12369#

147*2369#0

369#

147*0#

247*69#

123580

이상한 공

숫자가 쓰여 있는 이상한 공이 있습니다. 다음 물음표에는 어떤 숫자가 들어가야 할까요?

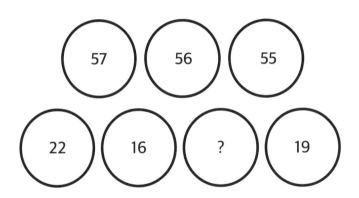

무거운 보석

네 개의 보석이 있습니다. 직접 들어보지 않고 가장 무거운 것을 찾아내면 상품으로 받을 수 있습니다. 어느 것이 가장 무거울까요? 아래 저울을 보고 맞혀보세요.

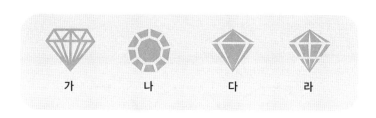

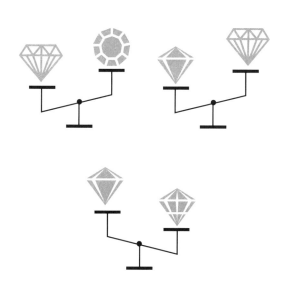

미로 찾기

두 사람이 만날 수 있도록 길을 찾아주세요.

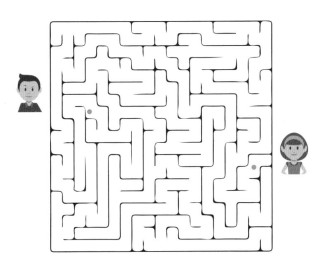

★ 공간지각

다음 도형을 위에서 보면 어떤 모양이 될까요?

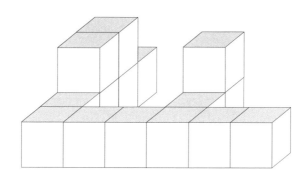

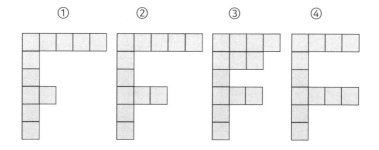

짝 맞추기

다음 그림 중 같은 것을 두 개씩 묶어 짝을 지을 때, 짝이 없는 것이 하나 있습니다. 어느 것일까요?

옷장 정리

옷장에 빨간색, 파란색, 노란색 옷이 있었습니다. 파란 옷은 빨간 옷의 두 배만큼 있었습니다. 지난 주말에 노란 옷 중 다섯 벌을 친구에게 보냈습니다. 이번 주말에는 파란 옷을 다섯 벌 더 구입했습니다. 이제 노란 옷과 파란 옷은 같은 수만큼 있습니다. 파란 옷의 개수에서 빨간 옷의 개수를 빼면 35가 됩니다. 원래 옷장에 있던 옷은 모두 몇 벌이었을까요?

하트 채우기

아래 숫자들은 가로, 세로, 대각선 위에 놓인 하트를 모두 더한 값입니다. (♡는 0, ♥는 1로 계산합니다.) 빈칸에 알맞은 하트를 그려보세요.

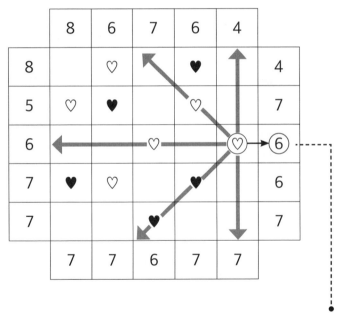

풀이법: 이 칸의 숫자 6은 바로 왼쪽 옆의 칸을 기준으로 가로, 세로, 대각선 위치에 ♥가 총 6개 있다는 뜻입니다.

모자이크 나누기

모자이크 방식으로 만든 천이 있습니다. 이 천을 여러 조각으로 나누려고 합니다.
아래 천을 자르는 방식으로는 나올 수 없는 패턴을 보기에서 찾아주세요.

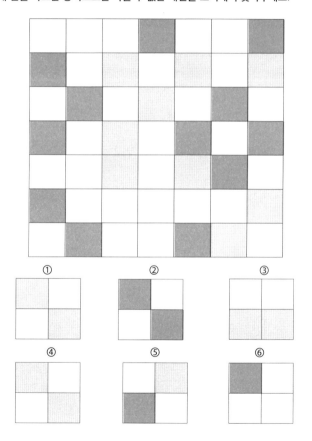

면적과 비율

다음 그림에서 색이 칠해진 부분이 전체 면적의 몇 퍼센트인지 구해보세요.

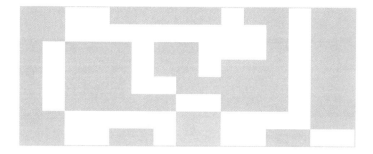

★ 좌표 찾기

보기의 그림과 일치하는 조각의 좌표를 찾아보세요.

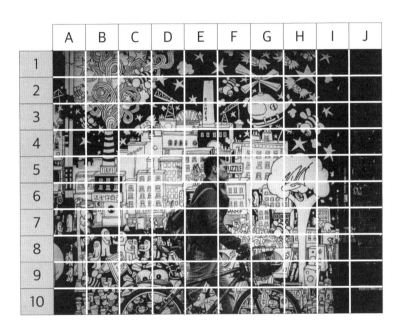

문자열 추리

다음 빈칸에 들어갈 알맞은 알파벳을 찾아보세요.

O T T F F S S ◯

구역 나누기

다음은 어느 신도시의 지도입니다. 이 도시의 인구가 점점 늘어나서 네 개의 동네로 나누려고 합니다. 네 동네의 모양은 모두 같아야 하며, 한 동네의 인구는 정확히 100명이 되어야 합니다. 어떻게 하면 될까요? (각 칸의 숫자는 해당 구역의 인구수입니다.)

10	10	13	9	11	9
16	9	10	17	10	11
8	12	10	7	9	13
13	10	13	14	14	10
15	9	14	8	9	11
9	15	7	9	16	10

숫자 블록

나란히 위치한 두 블록의 숫자를 더하면 그 위의 블록 속 숫자가 됩니다. 빈칸을 모두 채워보세요.

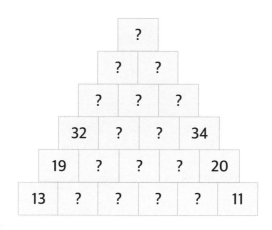

톱니바퀴 돌리기

8개의 톱니바퀴가 있습니다. 첫 번째 바퀴를 시계 방향으로 돌릴 경우, 마지막 바퀴는 어느 방향으로 움직일까요?

알파벳 더하기

알파벳에 순서대로 점수를 매겼습니다. A는 1, B는 2, C는 3 … Z는 26이라고 할 때 다음 중 가장 점수가 높은 단어는 무엇일까요?

① chicken

② pizza

③ tomato

④ sandwich

⑤ juice

뒤섞인 사진

다음 사진에 등장하는 사람은 무엇을 하고 있을까요?

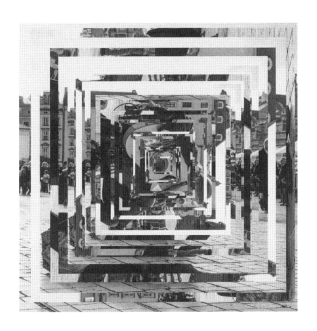

계산식 완성

다음 빈칸에 곱셈(×), 나눗셈(÷) 중 알맞은 계산기호를 넣어보세요.

$$10000 \bigcirc 1000 \bigcirc 100 \bigcirc 10 \bigcirc 1$$
$$= 1000000$$

동전의 무게

동전의 무게를 종류별로 측정했습니다. 10원짜리 동전은 5그램, 50원짜리 동전은 10그램, 100원짜리 동전은 30그램, 500원짜리 동전은 45그램이라고 할 때, 동전만을 이용해 4550원을 가장 가볍게 들고 다니려면 얼마짜리 동전을 몇 개씩 가지고 있어야 할까요? 또한 그 무게는 몇 그램이 될까요?

글자 찾기

점을 연결하여 숨겨진 글자를 찾아보세요. 어떤 단어가 나올까요?

· 아래 숫자는 주변을 둘러싸고 있는 선의 개수와 같습니다. 만약 상하좌우가 모두 선으로 둘러싸여 있다면 숫자는 4가 됩니다.

3	1	0	1	2	2	2
2	1	0	1	2	3	2
2	1	0	1	2	2	2
2	2	1	1	2	3	2
2	2	3	2	2	2	2
2	1	2	0	2	2	2
3	2	3	2	2	2	3
2	2	2	2	2	3	2
2	2	2	2	1	2	3
3	3	3	2	2	3	2
2	4	2	1	2	2	3

모자이크 나누기

모자이크 방식으로 만든 천이 있습니다. 이 천을 여러 조각으로 나누려고 합니다.
아래 천을 자르는 방식으로는 나올 수 없는 패턴을 보기에서 찾아주세요.

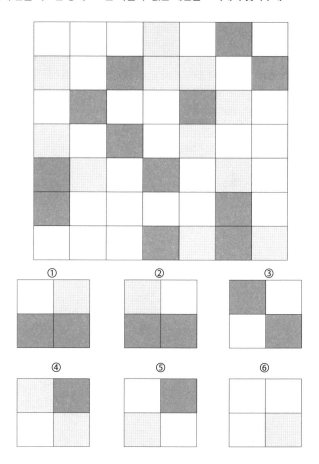

시차 계산

부산에 사는 혜림이와 핀란드 헬싱키에 사는 알리사는 인터넷 채팅에서 만나 친구가 되었습니다. 혜림이는 내일 알리사에게 전화를 걸으려고 합니다. 두 사람이 모두 자유 시간을 보내고 있을 때 통화하려면 한국을 기준으로 몇 시에 전화해야 할까요? (부산에서 낮 12시일 때 헬싱키는 새벽 5시입니다.)

혜림이의 일정		알리사의 일정	
23:00 ~ 07:30	- 취침 & 기상	22:00 ~06:30	- 취침 & 기상
07:30 ~ 08:10	- 세수하고 옷 입기	06:30 ~ 07:15	- 아침 식사
08:10 ~ 08:30	- 등교	07:15 ~ 08:00	- 세수하고 옷 입기
08:30 ~ 16:30	- 학교 수업	08:00 ~08:45	- 등교
16:30 ~ 16:50	- 하교	08:45 ~ 15:00	- 학교 수업
16:50 ~ 18:00	- 자유 시간	15:00 ~ 15:30	- 하교
18:00 ~ 19:00	- 저녁 식사	15:30 ~ 16:30	- 자유 시간
19:00 ~ 20:00	- 숙제	16:30 ~ 17:30	- 운동
20:00 ~ 21:30	- 운동	17:30 ~ 18:30	- 저녁 식사
21:30 ~ 22:30	- TV 시청	18:30 ~ 20:30	- 피아노 레슨
22:30 ~ 23:00	- 자유 시간	20:30 ~22:00	- 자유 시간

패턴 완성

다음은 어떤 규칙을 따르고 있습니다. 빈칸을 완성해보세요.

우유 컵 배치

여섯 개의 컵이 있습니다. 그중 앞의 세 컵에는 우유가 담겨져 있고, 뒤의 세 컵에는 아무것도 담겨져 있지 않습니다. 우유가 든 컵과 들어 있지 않은 컵이 번갈아 가며 나오도록 하려고 할 때, 몇 개의 컵을 움직여야 할까요? 가능하면 가장 적은 수의 컵만 이용해 문제를 해결해주세요.

숨겨진 규칙

다음 빈칸에 알맞은 숫자를 구해보세요.

131

[228]

331

430

531

630

731

[831]

930

1031

1130

1231

스도쿠

다음은 스도쿠 문제입니다. 가로, 세로, 굵은 선 안에 1~9의 숫자가 한 번씩만 들어가도록 해야 합니다. 규칙에 따라 빈칸에 알맞은 답을 채워보세요.

	1			9		7	8	
		3			4			9
9		5	8		3		6	
	3			5		8	4	
	9	1		4				6
8		2	3			1	9	
3		9		7	5		1	8
	6				2	5		
4			6	3				7

이상한 계산

다음 계산식은 어떤 규칙을 따르고 있습니다. 물음표가 있는 자리에 알맞은 답을 구해보세요.

9 4 = 513

5 3 = ?

7 6 = 113

9 1 = 810

순간기억력

10초 동안 아래 그림을 보고, 그림을 손으로 가린 뒤 질문에 답해보세요.

· 서 있는 사람은 몇 명입니까?

· 그림에는 모두 몇 개의 의자가 등장합니까?

· 의자에 앉아 있는 사람 중 땅에 발을 대고 있는 사람은 몇 명입니까?

수열의 비밀

다음 빈칸에 들어갈 알맞은 수를 찾아보세요.

2 3 5 7 ◯ 13 17

★ 짝 맞추기

다음 그림 중 같은 것을 두 개씩 묶어 짝을 지을 때, 짝이 없는 것이 하나 있습니다. 어느 것일까요?

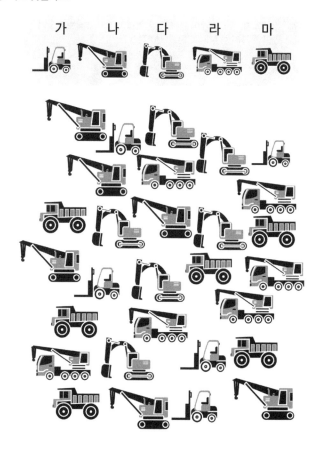

도자기 바꾸기

일곱 명의 도자기 수집가가 한 자리에 모여 서로의 소장품을 감상하고 있었습니다. 그중 A가 B에게 서로의 도자기를 교환하자고 제안했습니다. A의 도자기가 마음에 든 B는 그 말을 따랐습니다. 그러자 C와 F가 서로의 도자기를 교환했고, F는 다시 G와 교환했으며, G는 A와 교환했고, 이어서 D와 F가 교환했습니다. 처음에 G가 가지고 있던 도자기는 누구의 손에 있을까요?

부등호

다음 빈칸에 5, 6, 7, 8, 9의 숫자를 넣어 부등호가 성립되도록 해보세요. 가로, 세로에는 각 숫자가 한 번씩만 등장합니다.

7 > ☐		9	☐	☐
∧		∨		
☐ > 6		☐	5 < 8	
∨		∧	∧	
5	☐	6	☐	☐
		∨		
8 < ☐ >	☐	☐	< 7	
		∧	∨	
☐ < 7		☐	9 > 5	

벤다이어그램

다음 벤다이어그램에서 C에 해당하는 예를 찾아보세요.

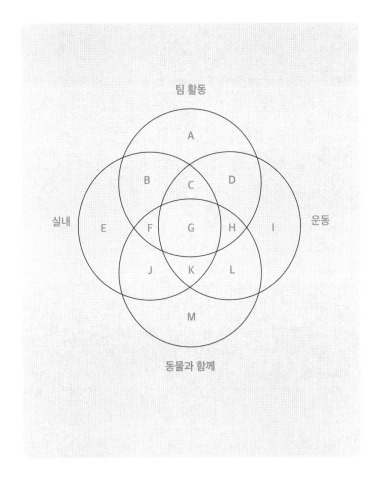

경찰이 세 명의 범인에 대해 조사하고 있습니다. 사건 현장에서 범인끼리 나눈 대화를 엿들은 시민들이 다음과 같이 증언했습니다. 이를 토대로 세 범인의 이름, 직업, 취미를 짝지어보세요.

"한 사람이 자기 이름을 로빈이라고 밝혔습니다."

"다른 사람은 자신을 소개하며 음악을 좋아하는 나미라고 했어요."

"마지막 사람은 모디라고 불렸습니다."

"셋 중 한 사람은 요리사였습니다."

"옆 사람이 자신은 수영선수라고 했습니다."

"그중에는 가수도 한 명 있었습니다."

"로빈은 가수가 아닙니다."

"로빈은 운동을 싫어한다고 했으니 수영선수가 아닙니다."

"누군가 '요즘 가수 활동 때문에 너무 바빠서 쇼핑 같은 일은 하기 싫다'라고 했어요."

"수영선수는 운동을 하지 않을 때 음악 감상을 즐긴다고 했습니다."

"요리사는 인형 수집에 관심을 보이지 않았습니다."

블록 조립

다음 블록 여섯 개를 이어서 가로 7칸, 세로 7칸의 정사각형을 만들어보세요. 조각의 방향을 돌릴 수 있습니다.

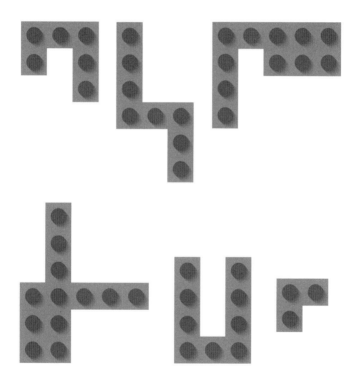

※ 그림을 오리면 문제를 쉽게 풀 수 있습니다. 책의 마지막에 '오려 만들기' 페이지가 있습니다.

계산식 완성

다음 빈칸에 덧셈(+), 뺄셈(-), 곱셈(×), 나눗셈(÷) 중 알맞은 계산기호를 넣어보세요. 모든 계산기호는 한 번씩 들어갑니다.

100 ◯ 10 ◯ 3 ◯ 27 ◯ 7 = 10

가로세로 숫자

물음표 대신 들어갈 알맞은 숫자를 찾아보세요. (단, 하나의 식에서 곱셈과 나눗셈은 덧셈과 뺄셈보다 먼저 계산해야 합니다.)

55	+	3	×	?	=	61
−		÷		×		
1	−	?	+	?	=	7
−		+		+		
?	÷	2	×	6	=	36
=		=		=		
42		5		20		

액자 속 숫자

빈칸에 들어갈 알맞은 답을 구해보세요.

6   15   24   ◯   42

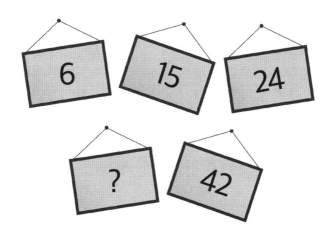

그림 퍼즐

다음 빈칸에 들어갈 알맞은 조각을 골라보세요.

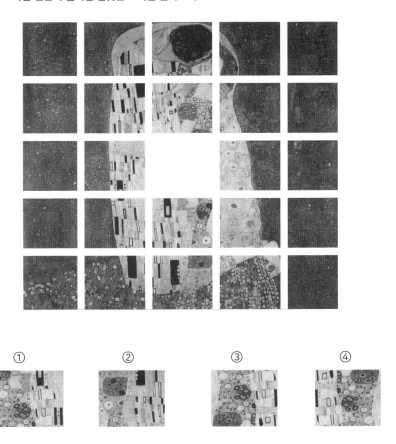

① ② ③ ④

계산식 완성

다음 빈칸에 덧셈(+), 뺄셈(-), 곱셈(×), 나눗셈(÷) 중 알맞은 계산기호를 넣어보세요. 모든 계산기호는 한 번씩 들어갑니다.

8 ◯ 11 ◯ 1 ◯ 14 ◯ 2 = 100

거울 속으로

다음은 어떤 종이를 거울로 비추어 바라본 모습입니다. 문제를 눈으로만 읽고 10 초 내에 답을 찾아보세요.

마방진

빈 칸에 알맞은 숫자를 찾아보세요.

· 1~25까지의 수가 한 번씩 들어갑니다.
· 가로/세로/대각선의 합은 모두 같습니다.

	2	19	6	
22		1	18	10
9	21		5	17
16	8	25		4
	20	7	24	

스마일 마크

다음 중 다른 얼굴을 하나 찾아보세요

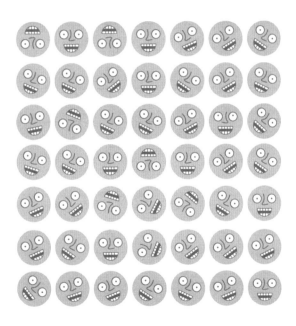

보기의 그림과 일치하는 조각의 좌표를 찾아보세요.

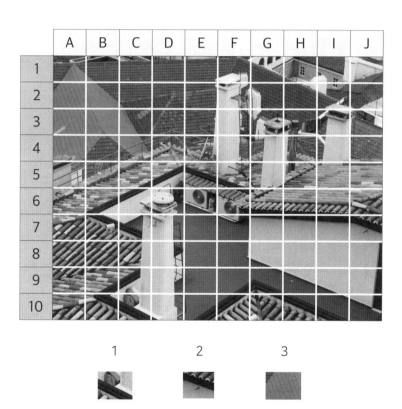

도형의 면적

다음 도형 중 넓이가 다른 것을 찾아보세요.

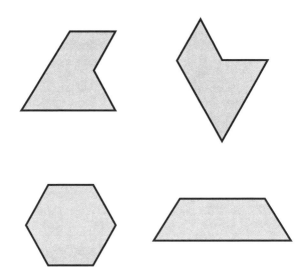

야구공 담기

바닥에 많은 야구공이 떨어져 있습니다. 이를 상자에 2개, 3개, 4개, 5개, 6개씩 나누어 담았는데 그때마다 1개의 공이 남았습니다. 이번에는 7개씩 나누어 담았더니 남는 공이 없이 정리되었습니다. 야구공은 모두 몇 개였을까요?

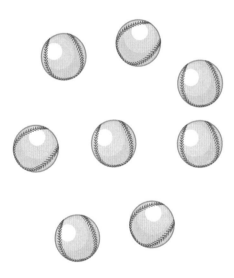

직선 그리기

아래 그림에 선을 3개만 그려 9개의 삼각형을 만들어보세요.

빈칸 맞추기

빈칸에 올 알맞은 그림을 찾아보세요.

구멍 난 옷

찢어진 바지가 있습니다. 이 바지에는 모두 몇 개의 구멍이 있을까요? 3초 내에
답을 말해보세요.

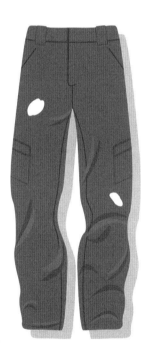

아이의 나이

엄마와 아이가 있습니다. 엄마는 아이보다 21살이 많습니다. 6년 후 두 사람의 나이는 5배 차이가 납니다. 아이는 몇 살일까요?

규칙 찾기

다음 빈칸에 알맞은 수를 구해보세요.

9
3
7
1
5
2

2
5
7
3
9

9
3
7
5

?
?
?

다른 그림 찾기

다음 두 그림에서 다른 곳 다섯 군데를 찾아보세요.

정답과 풀이

★ 10쪽 정답

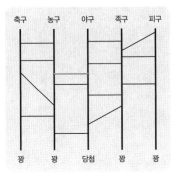

★ 15쪽 정답

★ 11쪽 정답

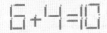

★ 16쪽 정답 ②

★ 17쪽 정답

$32 \div 4 \times 2 - 1 + 2 = 17$

★ 12쪽 정답 ①

★ 18쪽 정답 PYEONGHWA

★ 13쪽 정답

4	9	2
3	5	7
8	1	6

★ 19쪽 정답 ⑤

풀이

· 색깔 원은 가로와 세로에 각
1번씩만 들어갑니다.

· 첫 번째 줄: 삼각형을 180°
회전시켜 겹치면 마지막 모양이
나옵니다.

· 두 번째 줄: 사각형을 45°
회전시켜 겹치면 마지막 모양이
나옵니다.

· 세 번째 줄: 원은 회전시켜
겹쳐도 같은 모양입니다.

★ 14쪽 정답

12월 31일 오후 2시 00분

★ 20쪽 정답

풀이

가로를 기준으로 ■색깔 천 조각은
첫째 줄: 오른쪽으로 한 칸씩 이동
둘째 줄: 오른쪽으로 세 칸씩 이동
셋째 줄: 같은 자리에 고정
넷째 줄: 왼쪽으로 한 칸씩 이동

가로를 기준으로 ■색깔 천 조각은
첫째 줄: 오른쪽으로 한 칸씩 이동
둘째 줄: 왼쪽으로 한 칸씩 이동
셋째 줄: 왼쪽으로 두 칸씩 이동
넷째 줄: 왼쪽으로 세 칸씩 이동

★ 21쪽 정답

★ 22쪽 정답 2

풀이 앞의 숫자 두 개를 더하면
다음 숫자가 나옵니다.
1+1=2, 1+2=3, 2+3=5···.

★ 23쪽 정답 4개

풀이

wwwwwwwwwwwwwwwwwwwwwwwwwwwww
wwwwwwwwwwwwwwwwwwwwwwwwwwwww
wwwwwwwwwwwwwwwwwwwwwwwwwwwww
wwwwwwwwwwwwwwwwwwwwwwwwwwwww
wwwwwwwwwwwwwwwwwwwwwwwwwwwww
wwwwwwwwwwwwwwwwwwwwwwwwwwwww
wwwwwwwwwwwwwwwwwwwwwwwwwwwww
wwwwwwwwwwwwwwwwwwwwwwwwwwwww
wwwwwwwwwwwwwwwwwwwwwwwwwwwww
wwwwwwwwwwwwwwwwwwwwwwwwwwwww

★ 24쪽 정답

4	6	2	9	5	8	1	3	7
5	3	1	6	7	4	8	9	2
7	8	9	2	3	1	6	4	5
3	9	4	1	6	2	7	5	8
2	7	5	8	9	3	4	1	6
8	1	6	7	4	5	9	2	3
6	2	7	3	1	9	5	8	4
1	4	3	5	8	6	2	7	9
9	5	8	4	2	7	3	6	1

★ 25쪽 정답

잠자리 - 원숭이 - 여우 - 도마뱀 -
토끼 - 고슴도치 - 사슴 - 고양이 -
독수리

★ 26쪽 정답 ⑤

풀이 love(54), study(89),
experience(104), future(91),
companion(100)

★ 28쪽 정답

★ 29쪽 정답 9개

★ 30쪽 정답 36

풀이

$(1+1)×(1+1)=4$

$(2+2)×(2+2)=16$

$(3+3)×(3+3)=36$

★ 31쪽 정답 ②

풀이

spade의 4번째 알파벳 d

spade의 3번째 알파벳 a

diamond의 6번째 알파벳 n

diamond의 2번째 알파벳 i

heart의 2번째 알파벳 e

club의 2번째 알파벳 l

그러므로 정답은 Daniel

★ 32쪽 정답

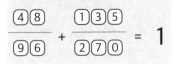

★ 33쪽 정답

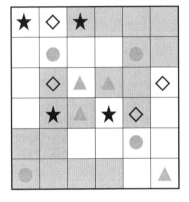

★ 34쪽 정답 14

★ 35쪽 정답 . (소수점)

$5.2+4.8=10$

$3.7+6.3=10$

★ **36쪽 정답** 30일
풀이

일	월	화	수	목	금	토
				1	2	3
4	5	6	7	8	9	10
11	12	13	14	15	16	17
18	19	20	21	22	23	24
25	26	27	28	29	30	

★ **37쪽 정답** 6
$(3×5×5×5)÷(5+9+3+8)=15$
$(7×3×2×6)÷(9+11+7+15)=6$

★ **38쪽 정답** 75개

★ **39쪽 정답** 545+5=550
풀이 +에 선을 그어서 4로
만듭니다.

★ **40쪽 정답** 21개
풀이 작은 삼각형 4개가 모여
커다란 삼각형 1개가 되듯이,
다양한 방식으로 삼각형을
세어보세요.

★ **41쪽 정답** 27분
풀이 고양이 1마리가 쥐 1마리를
잡는 데 27분이 걸립니다.

★ **42쪽 정답**

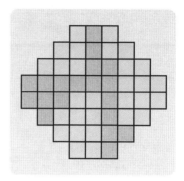

★ **43쪽 정답** 121
풀이 앞의 숫자에 11을 곱하면
됩니다.

★ **44쪽 정답**

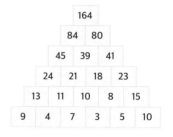

★ **45쪽 정답** 4
풀이
숫자를 쓰는 데 필요한 획의 수
2=1획, 1=1획, 3=1획, 9=1획이므로
2139는 총 4획

★ **46쪽 정답** 포장비는 총
4,000원이 들었으며, 공룡 인형 3개,
모형 자동차 1개, 보드게임 세트 2개,
요술봉 2개를 샀습니다.

★ **47쪽 정답** A
풀이 숫자 2를 나타내는 면의 방향이
90도 각도로 돌아가야 합니다.

★ **48쪽 정답** 62.5퍼센트
풀이 약 60퍼센트라고 답했다면
아주 훌륭한 수준입니다.

★ **49쪽 정답** 52
풀이 1^2+3, 2^2+3 … 7^2+3

★ **50쪽 정답** C

★ **51쪽 정답** 금요일

★ **52쪽 정답**

숲			호수			호수
			사막		들판	
	사막			사막		
			숲			
		숲				사막
	숲	사막	사막	들판		
		호수	들판			
사막	사막		들판			호수

★ **53쪽 정답**

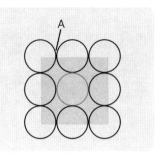

1. A를 기준으로 검은 원 중 가운데
상자와 겹치지 않는 부분만 먼저
따라 그립니다.
2. 다시 A로 돌아왔을 때 검은 원
중 가운데 상자와 겹치는 부분만
따라 그립니다.

★ **54쪽 정답**

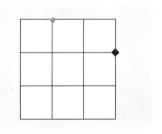

풀이
동그라미는 시계 방향으로
한 칸씩, 마름모는
오른쪽→위→오른쪽→위로
반복해서 움직이고 있습니다.

★ 55쪽 정답 13

풀이

8+3=11

14-3=11

7+3=10

15-3=12

6+3=9

16-3=13

★ 60쪽 정답 -34

풀이

4×2=8

1×2=2

-5×2=-10

-17×2=-34

★ 56쪽 정답

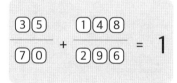

★ 61쪽 정답 8명

풀이

★ 57쪽 정답 1=1=1

★ 58쪽 정답 ④

★ 62쪽 정답 3개

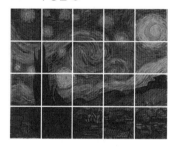

★ 63쪽 정답

★ 59쪽 정답 B 2개

풀이 A=6, B=5, C=7, D=3, E=4
입니다.

★ **137**

★ 64쪽 정답

3	4	5	9	2	6	8	7	1
2	6	1	8	4	7	3	5	9
8	9	7	1	3	5	6	4	2
5	2	3	4	6	1	7	9	8
9	7	8	3	5	2	1	6	4
4	1	6	7	9	8	2	3	5
6	8	9	2	7	4	5	1	3
1	5	4	6	8	3	9	2	7
7	3	2	5	1	9	4	8	6

★ 65쪽 정답

1부터 50까지의 숫자를 모두
더하면 1275입니다. 진행자가
꺼내는 카드의 숫자를 1275에서 한
번씩 빼면 마지막에 카드의 숫자를
알 수 있습니다.

★ 66쪽 정답 A

★ 67쪽 정답

13	8	12	1
3	10	6	15
2	11	7	14
16	5	9	4

★ 68쪽 정답

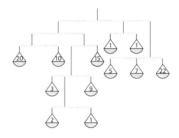

★ 69쪽 정답 A, C, E

★ 70쪽 정답 ④

★ 71쪽 정답

라·바·사·가·나·아·마·다

★ 72쪽 정답 2개

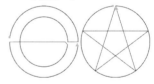

★ 73쪽 정답

2	8	9	6	4	7	3	1	5
4	5	7	1	8	3	6	2	9
6	3	1	9	5	2	7	8	4
1	9	4	2	3	8	5	6	7
8	7	2	5	9	6	4	3	1
5	6	3	7	1	4	8	9	2
9	1	8	3	7	5	2	4	6
3	2	5	4	6	1	9	7	8
7	4	6	8	2	9	1	5	3

★ 74쪽 정답
· 오른쪽
· 컵
· 1개

★ 75쪽 정답 ◯ = 8
8+8+8+88+888=1000

★ 76쪽 정답

100	÷	4	+	25	=	50
+		×		÷		
17	×	1	-	5	=	12
-		+		-		
23	+	0	+	3	=	26
=		=		=		
94	+	4	÷	2	=	96

★ 77쪽 정답

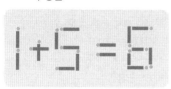

★ 78쪽 정답 박민수
풀이 전화기 버튼의 배열을 따라
글씨를 표현한 것입니다.

1	2	3
4	5	6
7	8	9
*	0	#

1	2	3
4	5	6
7	8	9
*	0	#

1	2	3
4	5	6
7	8	9
*	0	#

1	2	3
4	5	6
7	8	9
*	0	#

1	2	3
4	5	6
7	8	9
*	0	#

1	2	3
4	5	6
7	8	9
*	0	#

1	2	3
4	5	6
7	8	9
*	0	#

1	2	3
4	5	6
7	8	9
*	0	#

★ 81쪽 정답

★ 82쪽 정답 ②

★ 83쪽 정답 마

★ 79쪽 정답 18

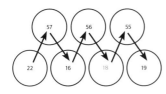

풀이
2+2+5+7=16
1+6+5+6=18
1+8+5+5=19

★ 80쪽 정답 라
풀이 라 > 다 > 가 > 나

★ 84쪽 정답 160벌
풀이 최초에 빨간 옷이 30벌,
파란 옷이 60벌, 노란 옷이 70벌
있었습니다.

★ 85쪽 정답

	8	6	7	6	4	
8	♥	♡	♡	♥	♥	4
5	♡	♥	♡	♡	♡	7
6	♥	♡	♡	♥	♡	6
7	♥	♡	♥	♥	♡	6
7	♡	♥	♥	♡	♥	7
	7	7	6	7	7	

★ 86쪽 정답 ③
풀이

★ 87쪽 정답 60퍼센트
풀이 전체 120칸 중 72칸이 색으로 채워져 있습니다.

★ 88쪽 정답 1) D5 2) B8 3) G6

★ 89쪽 정답 E
풀이 One, Two, Three, Four, Five, Six, Seven, Eight의 가장 앞 글자입니다.

★ 90쪽 정답

10	10	13	9	11	9
16	9	10	17	10	11
8	12	10	7	9	13
13	10	13	14	14	10
15	9	14	8	9	11
9	15	7	9	16	10

★ 91쪽 정답

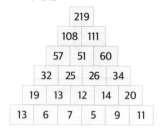

★ 92쪽 정답 반시계 방향

★ 93쪽 정답 ③
풀이 chicken(53) pizza(78) tomato(84) sandwich(81) juice(48)

★ 94쪽 정답
기타를 연주하고 있습니다.

★ 95쪽 정답 × ÷ × ÷

★ 96쪽 정답 500원짜리 동전 9개(=4,500원)와 50원짜리 동전 1개, 총 무게는 415그램

풀이

10진수	2진수
1	1
2	10
3	11
4	100
5	101
6	110
7	111
8	1000
9	1001

★ 98쪽 정답 ③

풀이

★ 99쪽 정답 22시 30분
풀이 한국 기준으로 22시
30분은 헬싱키 기준으로 15시
30분입니다.

★ 100쪽 정답

풀이
🐢=0, 🐢=1로 바꾸면 이진법
숫자의 나열이 됩니다.

★ 101쪽 정답 1개의 컵
풀이 앞쪽을 기준으로 두 번째
컵의 우유를 다섯 번째 컵에 옮겨
따르면 됩니다.

★ 102쪽 정답 228, 831
풀이 1월은 31일까지, 2월은
28일까지, 3월은 31일까지…
12월은 31일까지 있습니다.

★ 103쪽 정답

2	1	4	5	9	6	7	8	3
6	8	3	7	1	4	2	5	9
9	7	5	8	2	3	4	6	1
7	3	6	1	5	9	8	4	2
5	9	1	2	4	8	3	7	6
8	4	2	3	6	7	1	9	5
3	2	9	4	7	5	6	1	8
1	6	7	9	8	2	5	3	4
4	5	8	6	3	1	9	2	7

★ **104쪽 정답** 28

풀이

9-4=5와 9+4=13을 이어서 쓰면 513
7-6=1과 7+6=13을 이어서 쓰면 113
9-1=8과 9+1=10을 이어서 쓰면 810
그러므로 5-3=2와 5+3=8을 이어서
쓰면 28

★ **105쪽 정답**

· 1명

· 6개

· 0명

★ **106쪽 정답** 11

풀이 소수(1과 자기 자신만으로
나누어떨어지는 자연수)를
순서대로 나열한 것입니다.

★ **107쪽 정답** 가

★ **108쪽 정답** D

풀이 모든 교환이 끝난 후 A는 C의
도자기를, B는 A의 도자기를, C는
F의 도자기를, D는 G의 도자기를,
E는 자신의 도자기를, F는 D의
도자기를, G는 B의 도자기를
가지고 있게 됩니다.

★ **109쪽 정답**

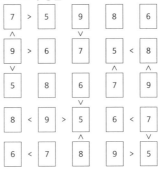

★ **110쪽 정답** 농구, 배구 등

풀이 실내에서 팀 단위로 하는
운동이면서 동물과 함께 하지 않는
운동을 찾아야 합니다.

★ **111쪽 정답**

로빈-요리사-쇼핑
나미-수영선수-음악 감상
모다-가수-인형 수집

★ **112쪽 정답**

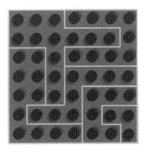

★ 113쪽 정답 ÷ × - +

★ 114쪽 정답

55	+	3	×	2	=	61
-		÷		×		
1	-	1	+	7	=	7
-		+		+		
12	÷	2	×	6	=	36
=		=		=		
42		5		20		

★ 115쪽 정답 33

풀이

1+2+3=6
4+5+6=15
7+8+9=24
10+11+12=33
13+14+15=42

★ 116쪽 정답 ④

★ 117쪽 정답 × ÷ + -

★ 118쪽 정답 55

$(8-3)×(7+4)=?$

★ 119쪽 정답

15	2	19	6	23
22	14	1	18	10
9	21	13	5	17
16	8	25	12	4
3	20	7	24	11

★ 120쪽 정답

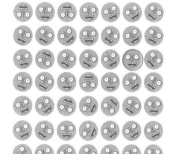

★ 121쪽 정답 1) C10 2) J7 3) A2

★ 122쪽 정답

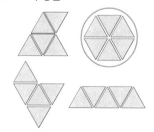

★ 123쪽 정답 301개

★ 124쪽 정답

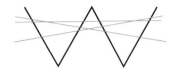

★ 125쪽 정답

★ 126쪽 정답 7개
풀이 다리에 난 구멍을 통해 옷
뒤의 배경이 보인다는 것은 옷의
앞면과 뒷면에 모두 구멍이 났다는
뜻입니다. 그러므로 다리 부분에
난 구멍은 모두 4개입니다. 여기에
허리와 발목이 들어가는 부분을
합하면 총 7개가 됩니다.

★ 127쪽 정답 -3/4살
풀이 아이는 아직 태어나지 않은
태아입니다.

★ 128쪽 정답

9			
3	2		
7	5	9	
1	7	3	5
5	3	7	7
2	9	5	9

풀이
오른쪽으로 한 칸씩 갈 때마다
1) 위와 아래의 순서가 바뀌고
2) 가장 작은 수가 하나씩
사라집니다.

★ 129쪽 정답

★
오려 만들기

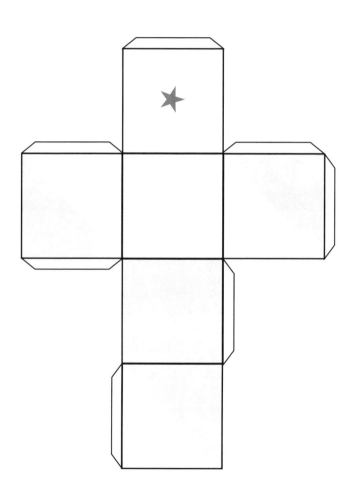

A

B

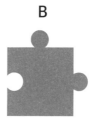

C

D

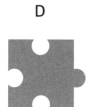

E

F

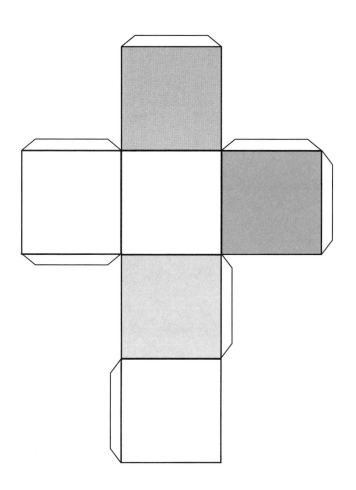

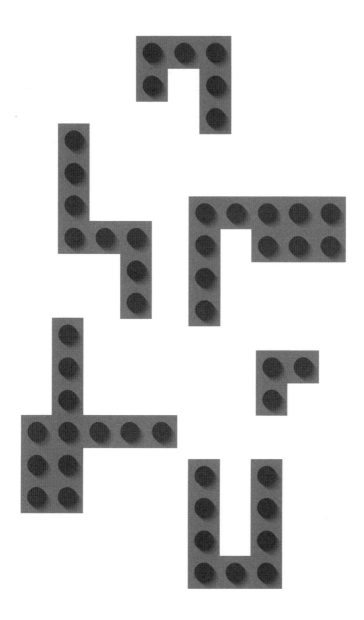